物种起源科普游戏书

[保] 萨比娜·拉德瓦 伊格丽卡·科贾科娃 编绘

仇韵舒 译

河南文艺出版社
·郑州·

关于本书

本书为《物种起源（绘本版）》配套科普游戏书，内含 27 种益智游戏，能帮助你更好地理解进化论，使你成为一名热爱自然万物、擅长科学研究的博物学家。书的结尾处还会教你如何制作属于自己的自然笔记，继续你的观察之旅。

目 录

进化论	4
物种与变异	6
狗的品种	8
鸽的品种	10
加拉帕戈斯地雀	12
有利变异	14
适应	16
人类的影响	18
野生猫科动物	20

自然选择	22
自然选择下的进化	26
学名	28
马属动物	30
化石	34
进化树	36
生命之树	39
五指形的骨骼结构	40
本能	43
迁移	44
微生物	49
用自然笔记记录你的观察	50
答案	54

进化论

自从地球出现生命以来,所有的生物都在发生着缓慢的变化,并在数百万年间逐渐形成了新的物种。进化论能解释这一切是如何发生的。

下面这张图片展现了生物在数百万年前的样子,有些看起来和今天的动植物完全不一样。暴龙、迅猛龙、三角龙等恐龙早已不在我们身边,它们在6500万年前就灭绝了。但是,我们还能看到鸟!现代鸟类是从一些小型两足恐龙进化而来的,这类恐龙被科学家叫作"兽脚亚目恐龙"。

兽脚亚目恐龙家族中有一个著名的成员,它是一个凶猛的捕食者,体重超过8吨,身长可达12米。你知道它叫什么名字吗?

物种与变异

地球上有许许多多、各种各样的生物，科学家喜欢用分类法研究它们。比如，科学家会根据动植物的外观、生活地点、食物来给它们归类。

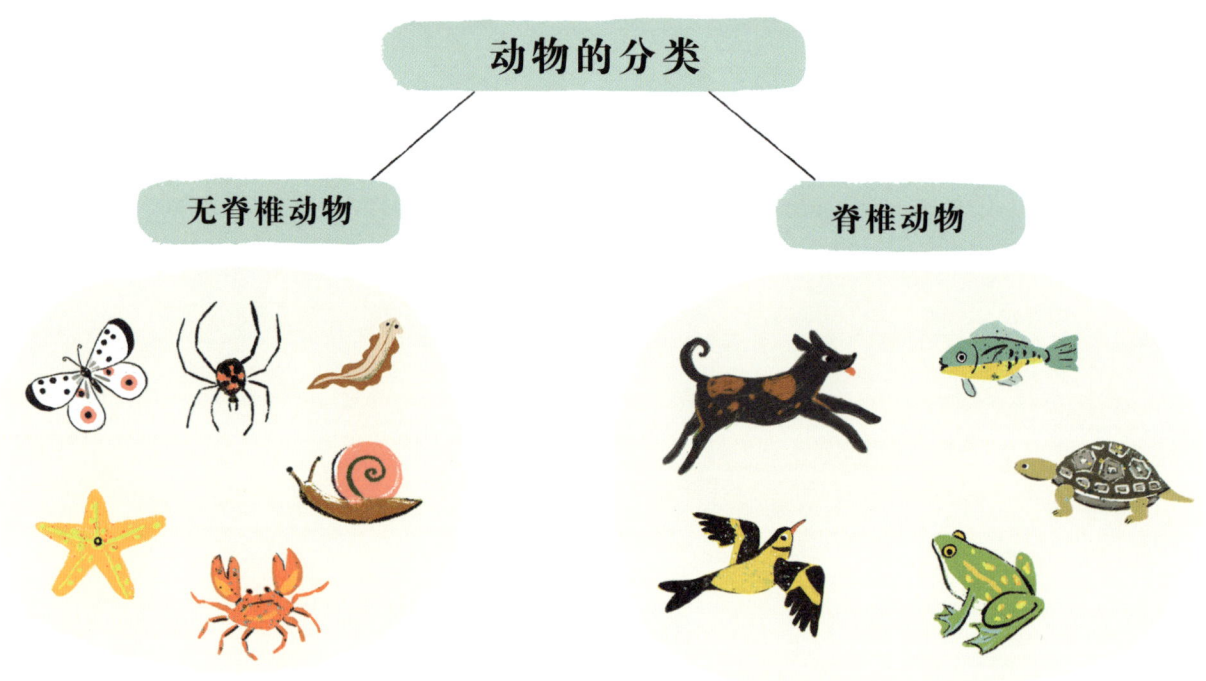

✏️ 归归类

仔细观察下面三张图片。请问哪两种动物更相似，应该被分进同一组呢？你知道哪两种是昆虫，哪一种是哺乳动物吗？

蝴蝶　　　　　　　　　　**猫**　　　　　　　　　　**甲虫**
加勒白眼蝶　　　　　　　　家猫　　　　　　　　　　金匠甲虫

"物种"通常指一群外表近似、能共同繁育后代的生物。不过，就算同属于一个物种，它们看似相同，其实也有很多差别，这种差别叫作"变异"。

艺术"变异"

1. 请你准备几支铅笔、几支蜡笔和一张白纸。
2. 试着模仿下面这张图，画一只蜥蜴(xī yì)。
3. 再拿一张白纸，用同样的方法再画一只蜥蜴。
4. 你可以想画几张就画几张，但是每次都要用一张新的白纸。

变异

比较一下你画的蜥蜴，是不是每只都有些不一样？
大自然中的动物也是如此。
即便它们同属于一个物种，也没有两只动物是一模一样的。

狗的品种

生活中,你有没有遇见过很多不同品种的狗?它们大小不同,颜色也不一样,但不论是娇小的狗、高大的狗,还是毛茸茸、软乎乎的大狗,都属于同一个物种!

鸽的品种

不同品种的鸽子看起来完全不一样,但它们都属于同一个物种。

你能从下面这张图中圈出所有属于"鸽子"这个物种的鸟吗?

1. 毛领鸽;
2. 粉红凤头鹦鹉;
3. 帝企鹅;
4. 凸胸鸽;
5. 短喙(huì)鸽;
6. 尼姑鸽;
7. 非洲灰鹦鹉;
8. 非洲鸵鸟;
9. 岩鸽;
10. 鹳(guàn);
11. 鞭答巨嘴鸟(chī);
12. 金雕;
13. 穴鸮(xiāo);
14. 扇尾鸽;
15. 筋斗鸽;
16. 绿头鸭。

找一找

仔细观察下面的小鸟。

 有几对小鸟和右边方框里的两只小鸟长得一模一样,你能把它们都圈出来吗?

比如,有些地雀的喙长而尖,能够撕开仙人掌的花;有些地雀的喙短而小,适合吃种子。

有利变异

我们已经知道，同属一个物种的每一只动物都有细微的差别。有的差别（也就是"变异"）能成为这只动物的优势，帮助它在大自然中捕获食物、躲避天敌和繁衍生息。

✏️ 比一比、连一连

下图中，长颈鹿的脖子长度各不相同。你能找出每只长颈鹿能吃到的最高的树，并把它们连起来吗？

现在，想象 A、B 和 C 三棵树的叶子都已经被吃光了，只剩下较高的 D、E 两棵树。请问哪只长颈鹿还能吃到树叶，茁壮成长呢？哪只长颈鹿的变异在新环境中最有利呢？

> 问：为什么长颈鹿有长长的脖子？
> 答：因为这样它们就闻不到自己的脚臭味了！

伪装

有些昆虫进化了形态和颜色,得以在自然栖息地中隐藏起来。这样既能躲避天敌,还方便它们捕猎。

下面有几处昆虫的栖息地。找一找,哪只昆虫的形状和颜色与周围环境最接近,最能融入其中?把栖息地的编号写在昆虫旁边。第一种栖息地已经帮你找好了!

竹节虫 ③　　白女巫蛾 ○　　杆䗛（xiū）○

榆蛱蝶（yú jiá）○　　红线蛱蝶 ○　　东方叶䗛 ○

柳裳夜蛾（cháng）○　　兰花螳螂（táng láng）○　　魔花螳螂 ○

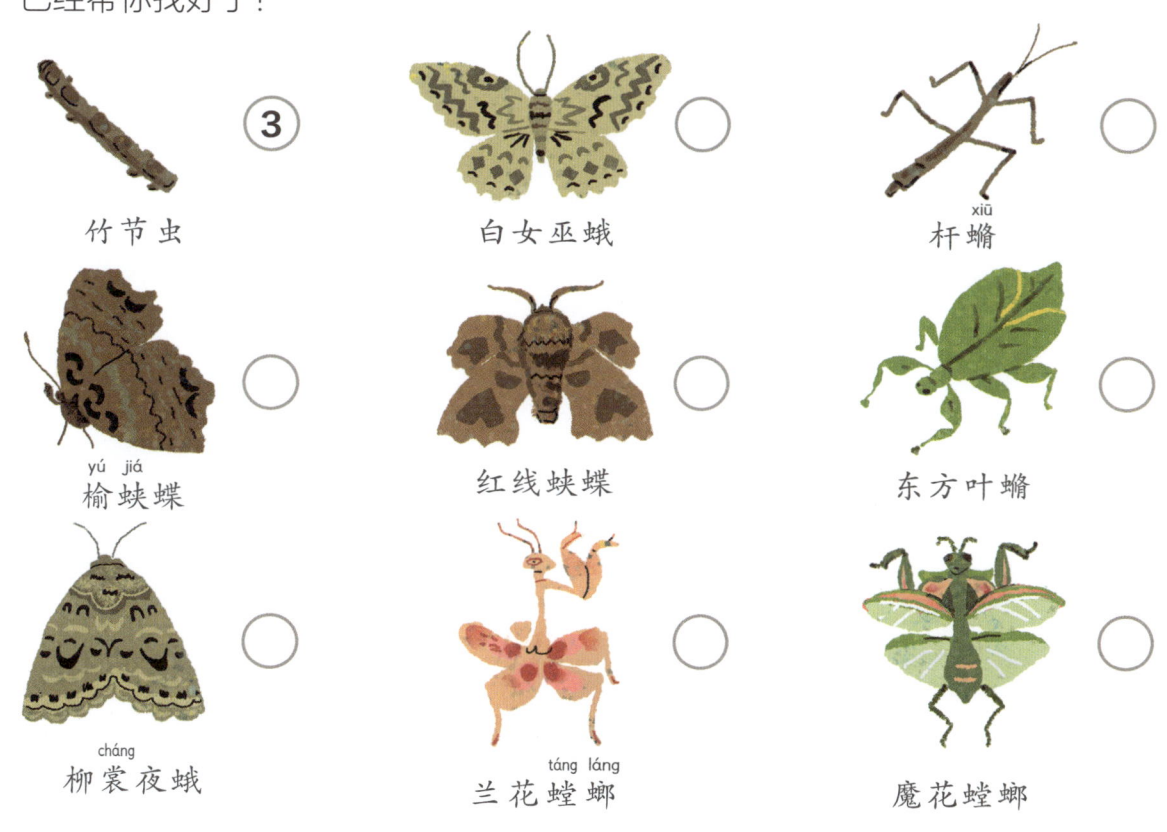

适应

蛇十分适应它们的生存环境。它们既没有胳膊,也没有腿,能在草丛、岩石和水流中悄无声息地滑行,而不惊动猎物。蛇的颜色也能帮助它们融入环境,不引起捕食者注意。

人类的影响

桦(huà)尺蛾存在两种变异：一种白色，一种黑色。19世纪中叶，黑色桦尺蛾变得越来越常见。这是因为人类造成的烟尘污染将树木熏成了黑色，黑色变异能帮助桦尺蛾更好地隐入树中。

白色桦尺蛾

黑色桦尺蛾

✏️ 寻找桦尺蛾

对桦尺蛾来说，隐入树林非常重要，这能避免它们被鸟类捕食者发现。你能不能找出右图中所有的桦尺蛾？哪种桦尺蛾比较好找？为什么？

桦尺蛾的数量：_____

野生猫科动物

不同的动物采用不同的伪装手段应对各自的生存环境。例如，许多生活在热带雨林、热带稀树草原地区的动物都长着条纹或斑点。这是一种迷彩，能使它们在高高的草丛和灌木中不容易被发现。现在，请你给这些野生猫科动物涂上适合环境的伪装色吧！

问：为什么老虎身上有条纹？
答：这样它们就不会被发现①了。

① "发现"一词英语原文为"spot",一语双关,有"发现"和"斑点"两重含义,呼应问句中的"条纹"（stripe）。——译者注

自然选择

当具备某种性状的生物更适应生存环境时,自然选择就发生了。这种性状成为它们的优势,让它们能活得更久,繁衍生息。于是,有利性状也得以代代相传。

🖉 池塘里的青蛙

在一片小池塘里，生活着两种青蛙，一种是浅绿色，一种是深绿色。饥肠辘辘的鹳很容易发现其中一种颜色的青蛙，并把它们抓住吃掉。

看看左边这张图，你猜鹳更容易找到哪种青蛙？由于这样的自然选择，哪种青蛙的数量更容易增加？给右图中的青蛙涂色，来证明你的答案吧！

问：头顶青蛙的女孩叫什么？
答：莉莉[①]。

[①] "莉莉"一词英语原文为"Lily"，头顶青蛙的女孩指青蛙蹲在睡莲叶（lily pad）上。——译者注

想象中的动物

创造一种属于你自己的动物吧!你需要赋予它5种特征。

把这5种特征写在下面,然后想一想,这些特征如何帮助它在热带雨林这样的温暖环境中生存下来。例如:

1. 耳朵(大、小、圆、尖)
2. 毛发(长、短、纯色、有花纹)
3. 尾巴(长、短、无)
4. 牙齿(尖、平、无)
5. 腿脚(长、短、蹄、爪)

把你的动物画出来,再给它起个名字吧!

请把你的动物画在这里。

特征

1._____

2._____

3._____

4._____

5._____

✏️ 气候变化

想象一下，气候和环境发生了重大变化，比如气候变得像冰河时代一样寒冷，并且持续了很长时间。你想象中的动物可能会遭遇什么呢？

经过漫长的自然选择后，你的动物的后代会变成什么样？你能把它画出来吗？它要如何改变自己，才能适应环境，存活下来呢？（比如，它可能会长出更长的毛发来保暖。）

新特征

1. _____
2. _____
3. _____
4. _____
5. _____

自然选择下的进化

在自然选择下，各种生物慢慢改变以适应环境。数千年后，微小的变化不断累加，原物种改头换面，成为新物种。当然，只有一种物种形态能存活下来，其他的不是灭绝，就是濒危。

✏️ 连一连：灭绝的物种与现存的物种

下图中有许多动物，右边的是我们今天还能看见的动物，左边的是它们的祖先，或者是至少与它们有共同祖先的动物。你能给已经灭绝的物种与现存的亲缘种配个对、连上线吗？

古乳齿象

始祖马

剑齿虎

sà mó lín
萨摩麟

学名

亲缘关系相近的物种都有一个共同的祖先。这些亲缘种共同构成一个"属"。动物的"属名"和"种名"一起组成了它的"学名[①]"。比如，狮子属于豹属中的狮子种，它的学名就叫作豹属狮子种（Panthera leo）。书写学名时，属名在前，种名在后。

属名 + 种名 = 学名

科学家不能用自己的名字给新物种命名，但可以用朋友的名字。有些科学家互相约定，给自己发现的下一个物种起对方的名字！

[①] 学名是国际上规定的对各物种使用的科学名称，统一使用拉丁文或拉丁化的文字。后文统一对中文学名进行了拉丁学名标注。——译者注

犬属灰狼种
（Canis lupus）

亲缘种  2，8，10

豹属狮子种
（Panthera leo）

亲缘种 _____

马属野马种
（Equus ferus）

亲缘种 _____

鼬属伶鼬种
（Mustela nivalis）

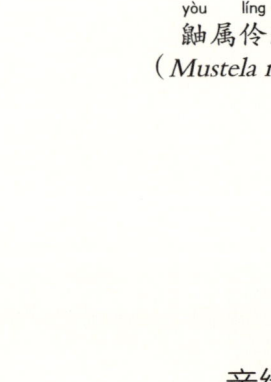

亲缘种 _____

找出亲缘种

下面每一张动物的图片都标好了学名。左边那页的动物想知道,右边这12只动物当中,有没有它们的亲缘种。

找出属名相同的动物,把编号写在左页"亲缘种"旁边的横线上。第一个动物已经帮你填好了。别忘了,你还可以给它们涂色!

马属平原斑马种
(*Equus quagga*)
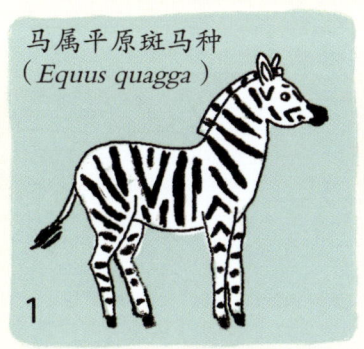
1

犬属埃塞俄比亚狼种
(*Canis simensis*)
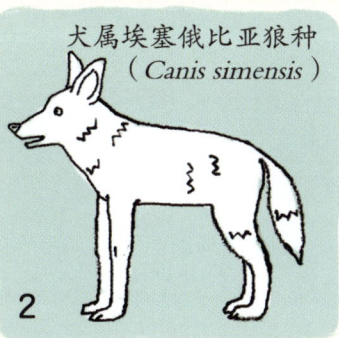
2

豹属虎种
(*Panthera tigris*)

3

马属蒙古野驴种
(*Equus hemionus*)

4

马属非洲野驴种
(*Equus africanus*)
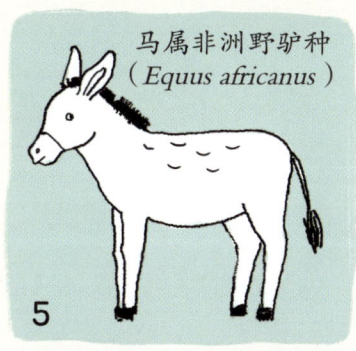
5

豹属美洲豹种
(*Panthera onca*)

6

鼬属白鼬种
(*Mustela erminea*)
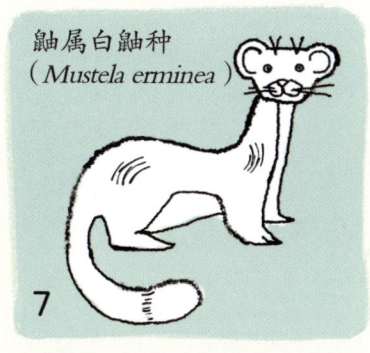
7

犬属金豺种
(chái)
(*Canis aureus*)

8

鼬属欧洲鼬种
(*Mustela lutreola*)
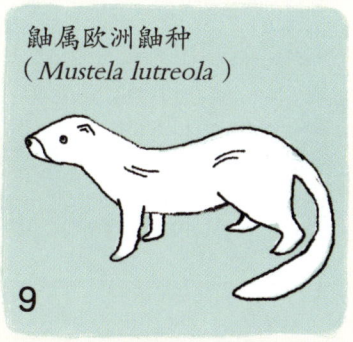
9

犬属郊狼种
(*Canis latrans*)

10

鼬属林鼬种
(*Mustela putorius*)

11

豹属花豹种
(*Panthera pardus*)

12

马属动物

马属动物中包含许多亲缘关系相近的哺乳动物,比如马、驴和斑马等等。这些物种都由同一个祖先进化而来。最早的马类动物叫作"始祖马",它生活在大约 5600 万年前,体形较小,和狗差不多大。

✏️ 给你的恐龙命名

恐龙的属名一般由两个部分组成。比如霸王龙的属名是暴龙（Tyrannosaurus），由"Tyranno"（暴君）和"saurus"（蜥蜴）两个词组成。但是要构成完整的学名，还要加上种名。所以，霸王龙的学名是暴龙属雷克斯暴龙种（Tyrannosaurus rex）。你可以从下面三栏中找到一些拉丁文词汇和它们的含义。

1. 从 A、B、C 三栏各选一个词，组成你的恐龙的名字。
2. 接下来，根据恐龙的名字，画出恐龙的样子。比如，如果你的恐龙叫角鼻龙（Ceratosaurus），它就必须得有角（Cerato）。
3. 试着在网上搜一搜，看看这种恐龙是否存在。

A. 属名（第一部分）

Avi —— 鸟
Brachy —— 短
Deino —— 可怕
Draco —— 龙
Mega/Megalo —— 大
Micro —— 小
Cerato —— 有角
Ornitho —— 鸟
Stego —— 有硬甲
Struthio —— 鸵鸟
Tyranno —— 暴君

B. 属名（第二部分）

dromeus —— 地面奔跑者
saurus —— 蜥蜴
therium —— 野兽
don —— 牙齿
onyx —— 爪子
raptor —— 绑匪 / 窃贼
suchus —— 鳄鱼
pteryx —— 翅膀
ceratops —— 角
titan —— 巨人
venator —— 狩猎者

C. 种名

agilis —— 敏捷
altus —— 高大
crassus —— 结实
fortis —— 强大
giganticus —— 巨大
gracilis —— 细长
mirus —— 奇妙
parvus —— 矮小
rex —— 霸王
robustus —— 健壮
rufus —— 红色

角鸟龙属强龙种（Aviceratops fortis）

请把你的恐龙画在这里。

恐龙的名字：_____

问：遇难的恐龙叫什么？
答：霸王龙的残骸(hái)①。

---

① 霸王龙残骸一词英语原文为"Tyrannosaurus wrecks"，与霸王龙的拉丁学名暴龙属雷克斯暴龙种（*Tyrannosaurus rex*）读音相同，作者在这个笑话中玩了同音异义的文字游戏。——译者注

化石

我们对动植物进化的了解大多来源于化石。化石是动植物的残骸或印痕，一般在沉积岩中被发现。沉积岩是由一层一层的沉积物压实而成的岩石。位于底部的岩层中埋藏着年代较久远的化石，而靠近顶部的岩层中埋藏着年代较晚近的化石。只要找到化石，它就能告诉我们动植物是怎样随时间而演变的。

新岩层

时间

旧岩层

寻找失踪的化石

一名地质学家在考察山脉时发现了几层埋有化石的沉积岩。第 2、4、6 层的化石从岩石中掉了出来。看看 A、B、C 三幅图片，你能猜出哪块化石属于哪个岩层吗？哪个岩层是最古老的？你是怎么知道的呢？

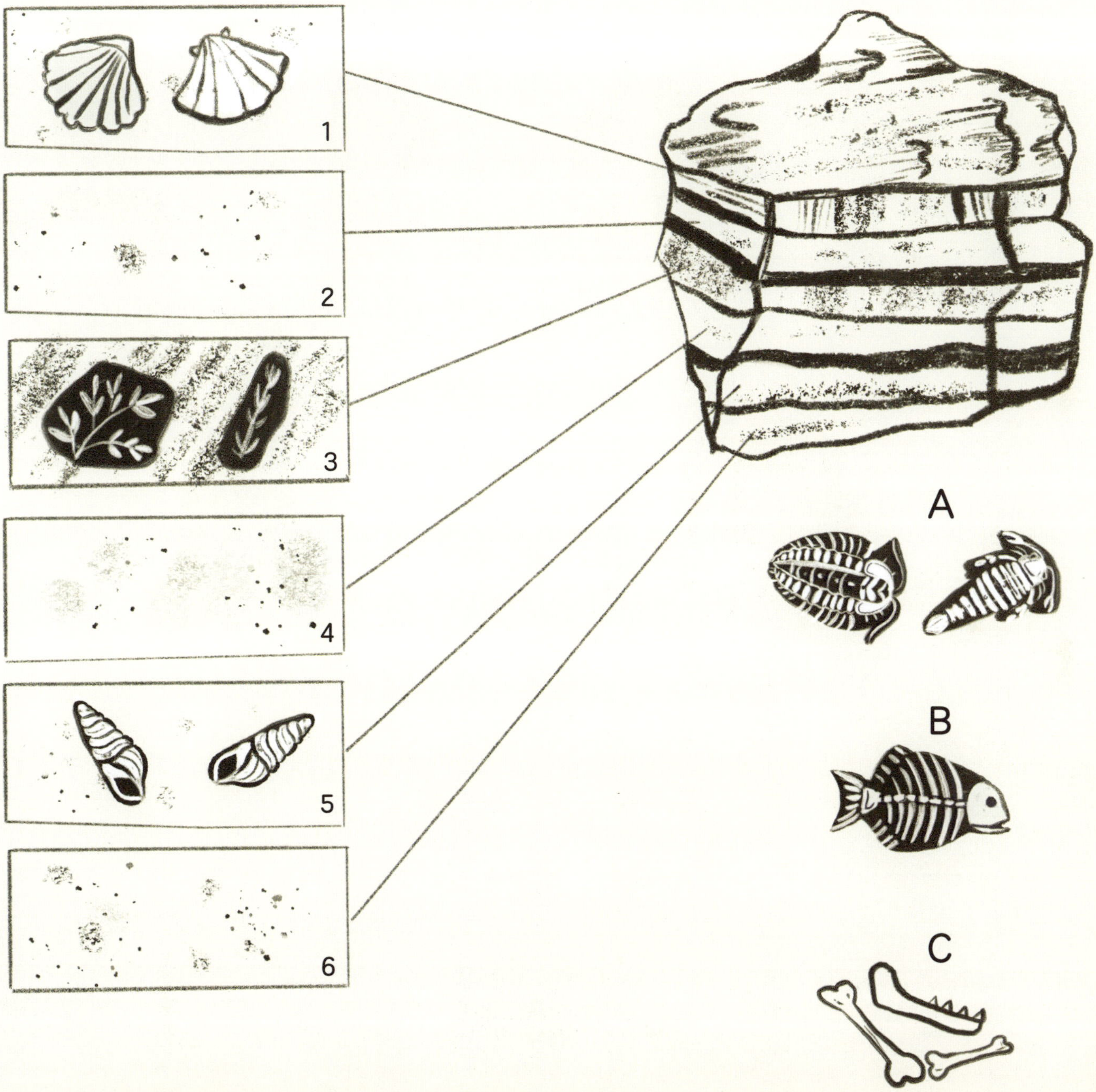

问：不想工作的化石叫什么？
答：懒骨头。

进化树

科学家常用树形图解释物种之间的亲缘关系。树的根部代表各个物种共同的祖先，顶端是它的后裔。进化树看起来和家庭树很像。也许你家也有一棵家庭树，就像下面这张图这样。你和你的兄弟姐妹（如果有的话）与爸爸妈妈连在一起，爸爸妈妈是你们共同的祖先。而你和你的堂表兄妹、叔伯姑舅，又通过爷爷奶奶、外公外婆连在一起。

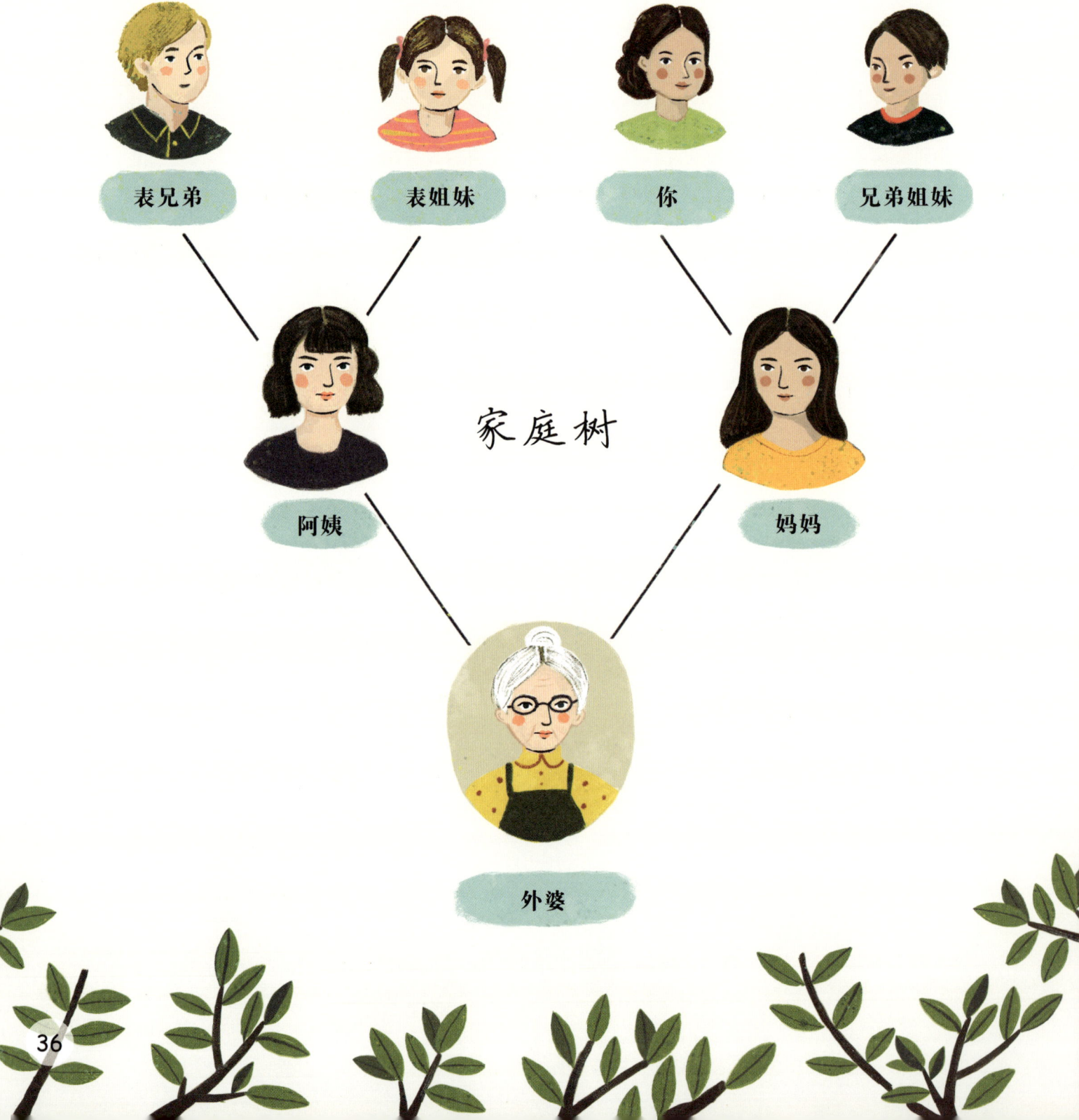

家庭树

✏️ 完成进化树

看一看下面的动物,想一想,哪几只动物的关系比较密切,是亲缘种?
你能填满这棵进化树吗?

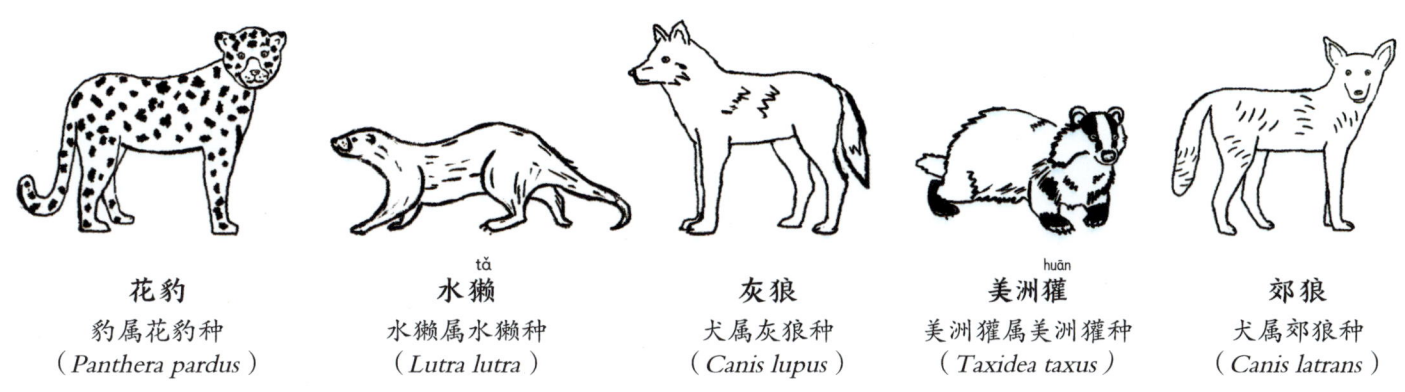

花豹	水獭(tǎ)	灰狼	美洲獾(huān)	郊狼
豹属花豹种	水獭属水獭种	犬属灰狼种	美洲獾属美洲獾种	犬属郊狼种
(*Panthera pardus*)	(*Lutra lutra*)	(*Canis lupus*)	(*Taxidea taxus*)	(*Canis latrans*)

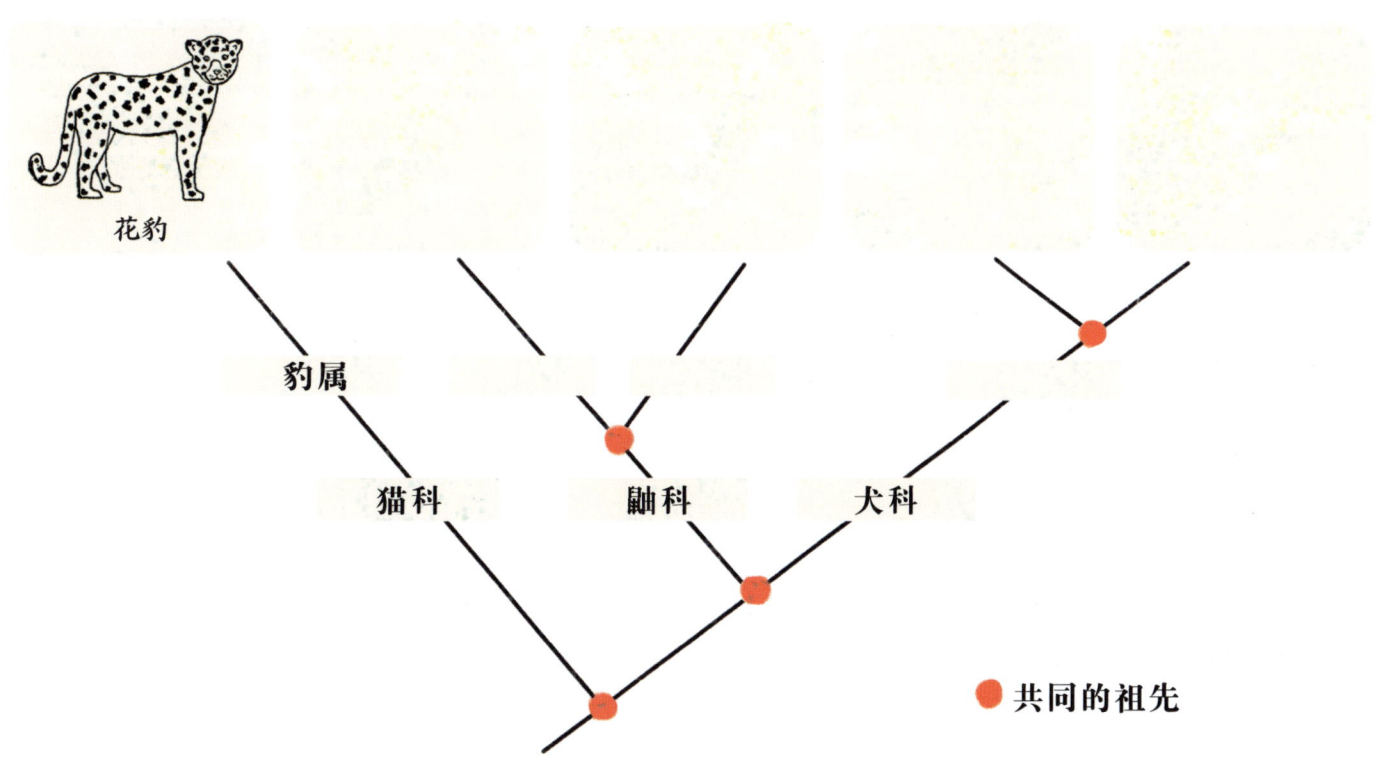

● 共同的祖先

猫科:猫、豹、虎、狮子等猫科动物。
犬科:犬形肉食动物。
鼬科:獾、水獭、鼬及其他亲缘种。

生命之树

生命之树能够展现不同生物之间的关系,不论是现存的物种,还是已经灭绝的物种,都能在生命之树上找到。英国自然科学家查尔斯·达尔文在《物种起源》一书中率先提出了"生命之树"一词。此后,科学家便开始利用树形图,展现地球上一切生命之间密不可分的联系。

五指形的骨骼结构

许多动物的骨骼结构十分相似，虽然它们的四肢看起来天差地别，功能也截然不同。鸟类、犬类、蜥蜴，甚至人类的四肢，都有着相同类型、按相同顺序排列的骨骼结构，也就是"五指形的骨骼结构"。这就说明脊椎动物（有脊椎的动物）之间的关系十分紧密，拥有同一个祖先。

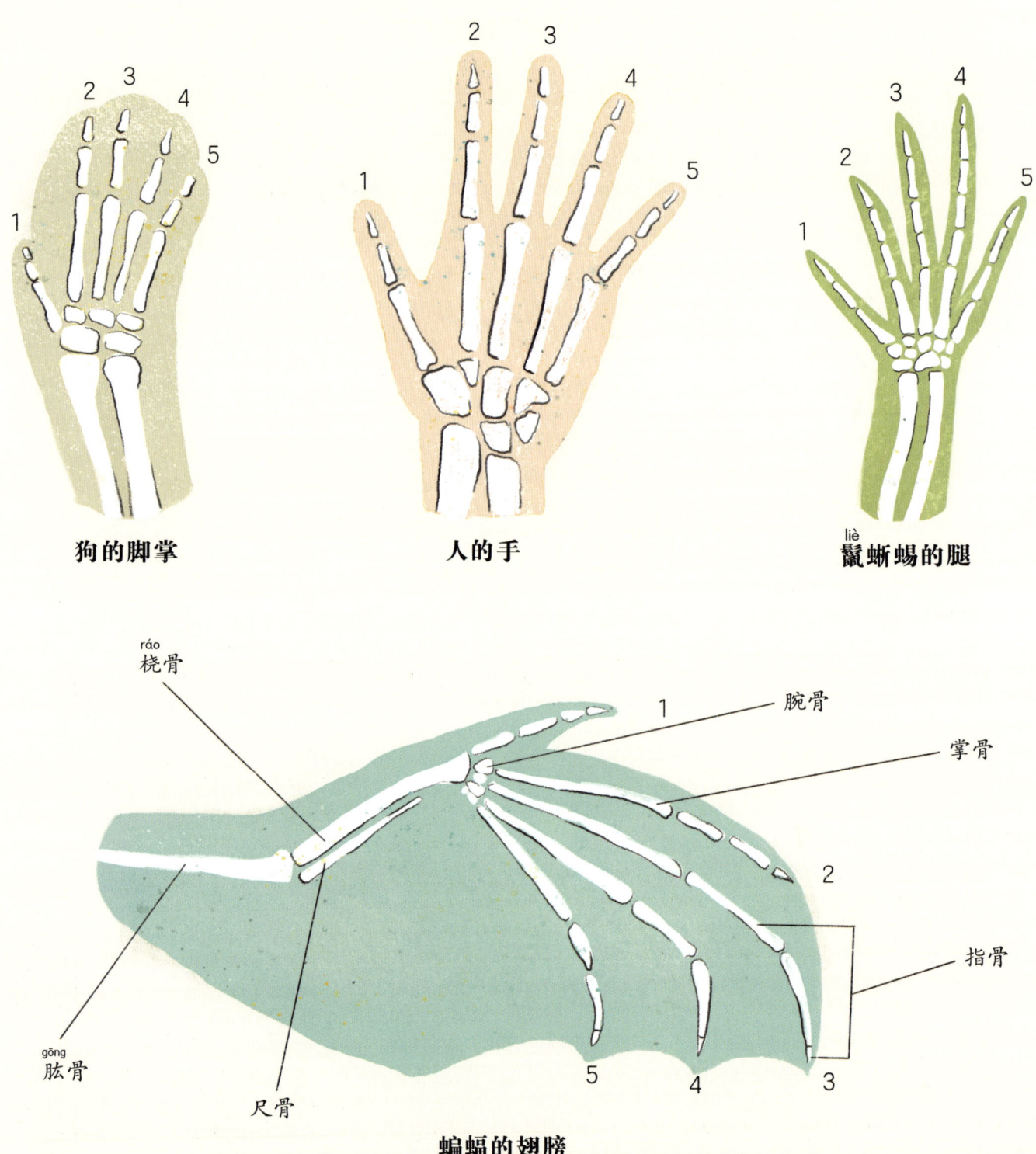

狗的脚掌　　　人的手　　　鬣liè蜥蜴的腿

蝙蝠的翅膀

骨骼填色

下面有 5 种动物的骨骼。它们的类型、排列完全相同。你能根据右下角的提示，给相同部位的骨骼涂上相同的颜色吗？

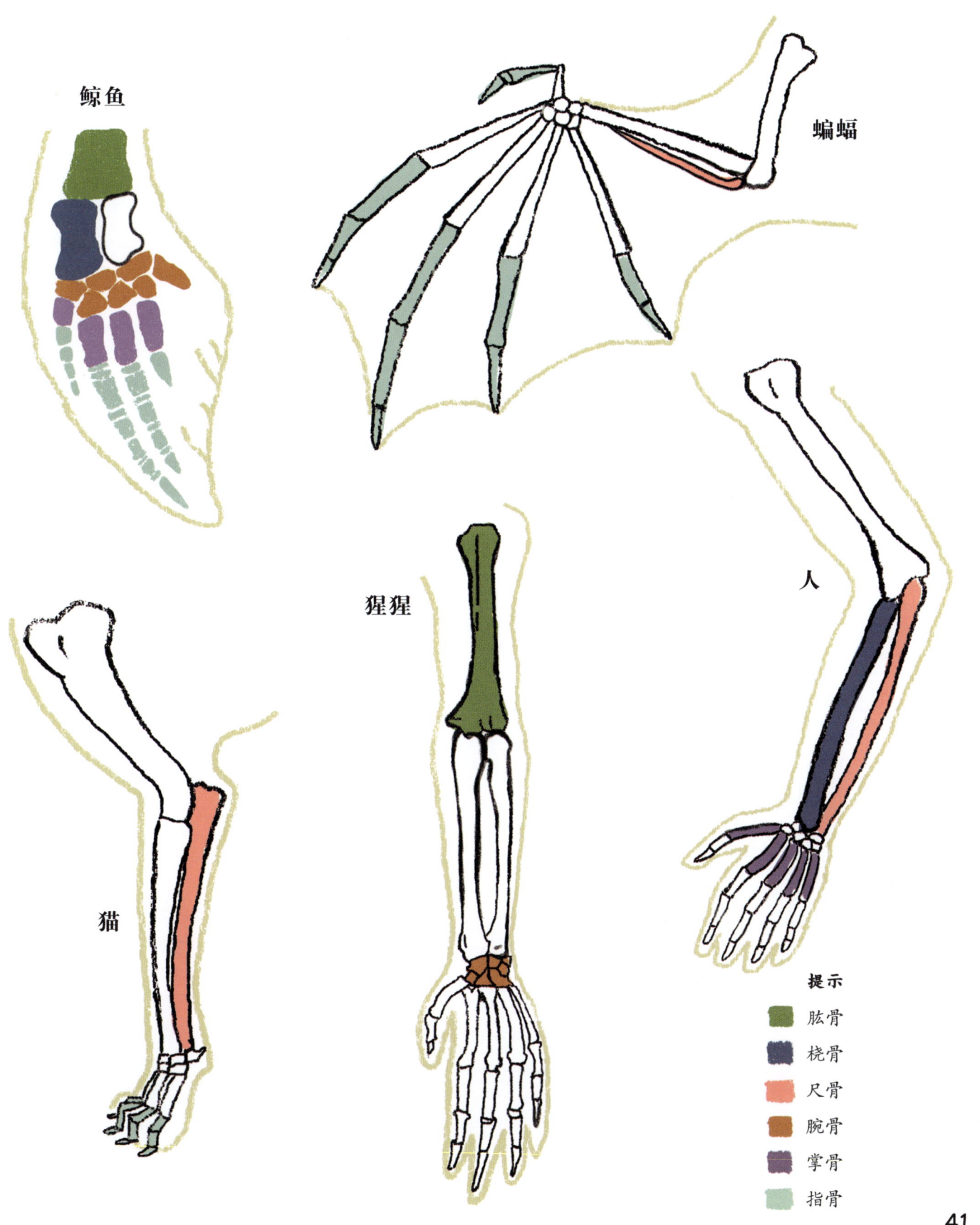

鲸鱼

蝙蝠

猩猩

猫

人

提示

- 肱骨
- 桡骨
- 尺骨
- 腕骨
- 掌骨
- 指骨

本能

动物天生就知道如何与环境合作,这就是"本能"。比如,很多鸟类知道冬季要迁移到温暖的地方去,蜜蜂天生就能筑造完美的六边形蜂巢储存蜂蜜。

迁移

大自然中的动物会四处移动，去寻找食物，躲避危险，这就是"迁移"。动物的迁移让它们能从发源地散布到很远的地方。在那里，它们会发生更多的变化，以适应新的环境。

你知道世界上迁移距离最长的动物是什么吗？提示：这是一种鸟类，它们每年都从地球的一极飞到另一极，最远的甚至可以来回横跨 9 万千米。你可以寻求大人的帮助，上网查找答案！

✏️ 走迷宫

一群野马正在寻找新牧场。你能帮它们跨越艰难险阻,走出迷宫,到达水草丰美的牧场吗?

山脉、河流和海洋是阻碍动物迁移的天然屏障,很多动物难以跨洋过海。

✏️ 新术语

我们已经学到很多术语啦！你能根据下面的图片和文字提示，说出新学的术语吗？

你可以翻阅整本书来寻找答案！

1. 物种逐渐发展出与环境相匹配的有利特征。

4. 源于同一祖先，亲缘关系相近的物种。

2. 一群外观相似，能共同繁衍后代的个体。

5. 动植物在岩石内部留下的残骸或印痕。

3. 同种动植物之间的差别。

微生物

微生物是体形微小的生物,几乎能以任何东西为食。从北极到你的鼻尖,到处都有它们的身影。通过研究现有生物的基因,科学家发现微生物远比我们想象的多样。微生物包括细菌、古生菌、病毒、真菌等多种微小生物。它们体形虽小,但微生物包含的物种,比动物和植物加起来的还多!

给微生物涂色

请给下面这个培养皿中的微生物涂色吧!

用自然笔记记录你的观察

现在,你已经成功通关,踏上了成为博物学家的道路!对博物学家来说,最重要的事情之一就是拥有一本自然笔记,记录自己对大自然的观察。

笔记本最好选择精装硬面的。大自然中可没那么多桌子能用来写字,你需要硬质的封面来做写字垫板。另外,精装封面还能保护你的笔记本不在大自然中受损。如果有条件的话,选择一个有松紧绑带的本子,不用的时候就把它合拢、绑好。这能保证它在意外掉落时不会摊开,在潮湿、泥泞的环境中尤其有用。

用什么笔写

铅笔是在自然笔记上写写画画的最佳选择。它能适应绝大多数的天气情况,不容易用完,字迹也几乎不会洇开,不管用什么角度都可以书写。这些都是墨水笔没有的优点。

写些什么

每次开始观察之前,都要先写下日期、时间和地点。在记录你的发现时,尝试使用描述性的词汇,调动所有的感官,除了味觉!你还可以记下你遇到的所有问题,方便回家进一步研究。

✏️ 带上你的笔记本，去附近的动物园和植物园吧！试着找一找，有没有哪种动物或昆虫用伪装融入周围环境，躲避捕食者。记录每一种动物的名字和所有有意思的细节，再配上一张速写画。（例如，变色龙，它能改变自己的颜色，和周边环境融为一体。）

✏️ 在动物园和农场里，或者是动物纪录片中，你可能会发现一些不会飞的鸟类。现存的每种鸟类都有翅膀，但有的进化到了不再用翅膀飞翔的状态。它们的翅膀还有别的用处吗？你能列举几种不会飞的鸟吗？

在自然笔记中记录有趣的观察,并不总是需要去特别的地方。你也可以研究家里的宠物、农场里的动物,甚至自家花园和附近公园里的野生动植物。

当你发现一种动物时,写下你的观察记录:
- 它吃什么?
- 它生活在哪里?
- 它与人类或其他动物互动吗?
- 它如何行动?(飞行、步行、游行、滑行?)
- 它有什么特殊之处吗?有没有什么让你不明白的地方?比如,它喜不喜欢囤积东西?

上述问题能帮助你开展观察,你也可以探索其他你感兴趣的方面。

即便是蚂蚁这样微小的生物,研究起来也十分有趣哦!快到你家的花园、当地的公园、森林中去寻找蚂蚁吧!跟着它们,看看它们从哪里来,家在哪里。它们是住在蚁穴里,还是住在树根下?在你的笔记里画出蚂蚁都在哪里安家的地图吧!

你还可以思考下面这些问题,把答案写在你的笔记中:
· 它们是黑色、棕色、红色,还是黄色?
· 它们有多大?
· 同一个蚁穴中,有没有大小、颜色不同的蚂蚁?
· 它们有翅膀吗?
· 有没有别的昆虫和蚂蚁一起生活?

如果你在一个蚁穴中发现了大小、颜色不同的蚂蚁,就可以把这一点记下来,然后进一步观察。哪种大小、颜色的蚂蚁更多?不同的蚂蚁,行为相同吗?如果不同,不同在哪里?

你还可以记录蚂蚁与同伴或者其他昆虫(比如蚜虫)的互动。蚂蚁会和同伴、其他昆虫打架吗?它们会和同伴交流吗?它们是有固定的行进路线,还是随意地走呢?

有时,你会发现一只离开大部队的蚂蚁。你可以跟着它,看看它要去哪儿,走了多远。你甚至可以在蚂蚁地图上标记它的轨迹。它可能是想找些甜食吃,也可能是在执行自己的观察任务。

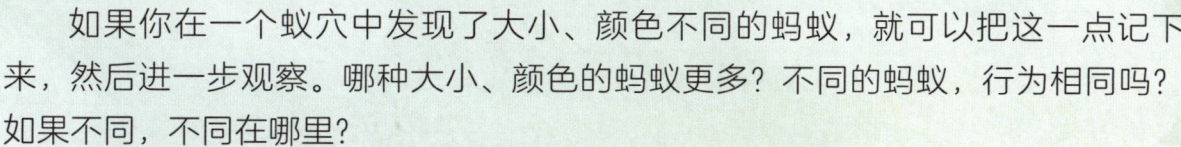

答案

P5 进化论
霸王龙

P6 归归类

昆虫　　　　　哺乳动物

P7 艺术"变异"
每张画上的蜥蜴都有一些不同，这就是"变异"。

P10 鸽子的品种
属于鸽子的有：1，4，5，6，9，14，15

P11 找一找
和右边方框中的两只小雀一样的有：g，n，p

P14 比一比、连一连
2-A，5-B，1-C，3-D，4-E
4号长颈鹿的变异最有利，因为它最高，即便低矮的树木消失，它也能生存下来。

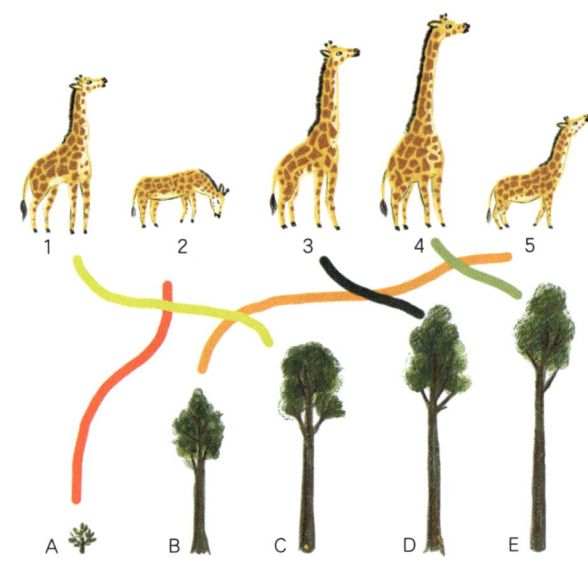

P15 伪装
第一行：3，4，3
第二行：5，5，1
第三行：4，2，1

P19 寻找桦尺蛾
共有15只桦尺蛾。

P22—23 池塘里的青蛙
浅绿色的青蛙更容易被鹳发现，更常被吃掉。因此，深绿色的青蛙会存活下来，繁衍生息。

P24 想象中的动物
例如：
想象中的动物可以有下面几种特征：
1. 大大的圆耳朵
2. 有斑点的灰色毛发
3. 长长的尾巴
4. 尖锐的牙齿
5. 爪子

能帮助动物在温暖的热带雨林中生存的特征有：伪装；修长灵活的四肢，用于攀爬树木；短毛，帮助散热，抵御毒性或其他威慑物。

P25 气候变化
气候变冷后导致的适应性变化：
1. 毛发变多，可以保暖
2. 脂肪增厚，以隔绝寒冷
3. 毛发分泌油脂，方便游泳后抖落水滴
4. 脚掌变大，能够分担身体的重量
5. 脚掌的毛增多，增加对冰面的抓握力

P26—27 连一连：灭绝的物种与现存的物种
古乳齿象——非洲象　　剑齿虎——花豹
始祖马——马　　　　　萨摩麟——长颈鹿

P28—29 找出亲缘种
犬属灰狼种（*Canis lupus*）—— 2，8，10
豹属狮子种（*Panthera leo*）—— 3，6，12
马属野马种（*Equus ferus*）—— 1，4，5
鼬属伶鼬种（*Mustela nivalis*）—— 7，9，11

P32—33 给你的恐龙命名
例如：
角鸟龙属强龙种（*Aviceratops fortis*），
这种恐龙拥有羽毛（*Avi*——鸟），
一只角（*ceratops*——角），
十分强大（*fortis*——强大）。

P35 寻找失踪的化石

2 - C
4 - B
6 - A

岩层 6 是最古老的，因为它是位于最底部的岩层。

P37 完成进化树

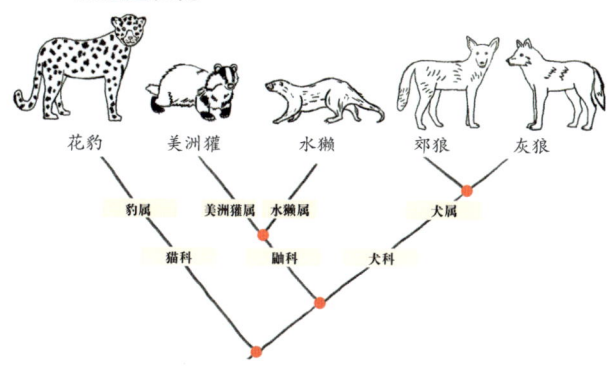

P41 骨骼填色

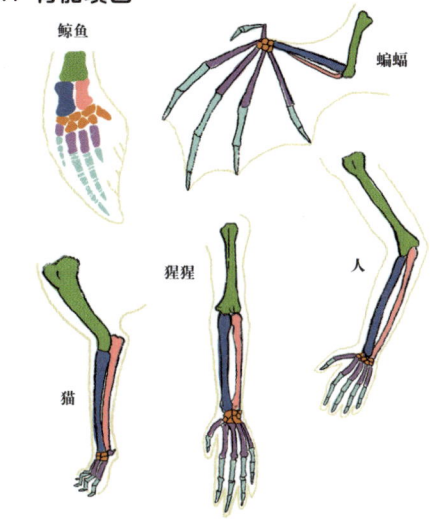

P44 迁移
北极燕鸥是世界上迁移距离最长的动物。

P45 走迷宫

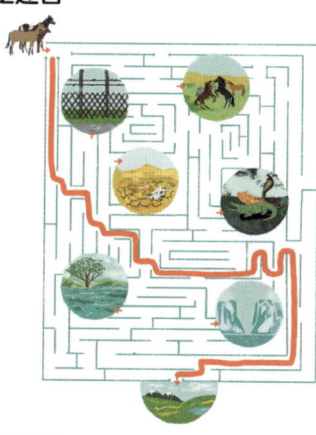

P48 新术语
1. 适应
2. 物种
3. 变异
4. 属
5. 化石

55

感谢所有帮助过我的人!

科学顾问：莉亚·斯特莉亚，克莱尔·阿舍博士，尼克·克伦普顿博士

编　　辑：安娜·巴恩斯·罗宾逊

版式设计：凯伦·格林菲尔德

其他帮助和支持者：塔玛拉·佛奇，维罗尼克·巴克斯特，企鹅兰登书屋的团队，我的家人和朋友

EVOLUTION COLOURING AND ACTIVITY BOOK

Copyright © Sabina Radeva, 2020

Additional illustrations by Iglika Kodjakova

First published in Great Britain in the English language by Penguin Books Ltd. in 2020

This edition arranged with Penguin Book Ltd.

Simplified Chinese edition copyright © 2021 by Dook Media Group Limited

All rights reserved.

封底凡无企鹅防伪标志者均属未经授权之非法版本

中文版权©2021读客文化股份有限公司

经授权，读客文化股份有限公司拥有本书的中文（简体）版权

豫著许可备字-2021-A-0027

图书在版编目（CIP）数据

物种起源科普游戏书 /（保）萨比娜·拉德瓦，（保）伊格丽卡·科贾科娃编绘；仇韵舒译. -- 郑州：河南文艺出版社, 2021.6

ISBN 978-7-5559-1167-8

Ⅰ. ①物… Ⅱ. ①萨… ②伊… ③仇… Ⅲ. ①物种起源 - 儿童读物 Ⅳ. ①Q111.2-49

中国版本图书馆 CIP 数据核字（2021）第 085183 号

物种起源科普游戏书

编绘者	[保]萨比娜·拉德瓦　伊格丽卡·科贾科娃
译　者	仇韵舒
责任编辑	李亚楠
责任校对	丁　香
特邀编辑	黄昭颖　　孙宁霞
策　划	读客文化
版　权	读客文化
封面设计	向　静
封面插图	萨比娜·拉德瓦　向　静
内文装帧	徐　瑾
出版发行	河南文艺出版社
印　刷	北京盛通印刷股份有限公司
开　本	889mm × 1194mm　1/16
印　张	3.5
字　数	7千字
版　次	2021年6月第1版　2021年6月第1次印刷
定　价	40.00元

如有印刷、装订质量问题，请致电010-87681002（免费更换，邮寄到付）

版权所有，侵权必究